AF232166

Dᵣ Maurice JOLLY

l'Université de Paris

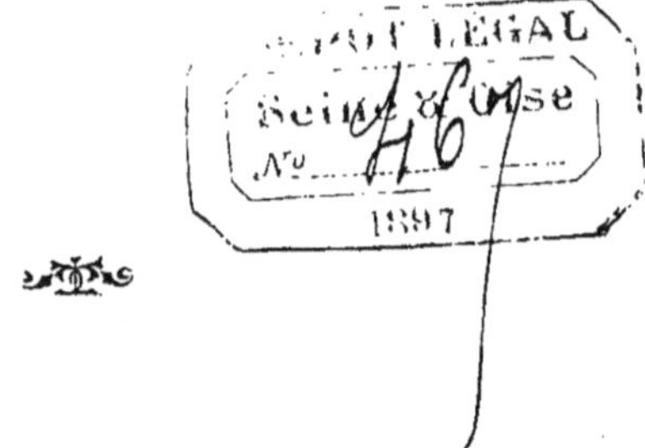

Sémiologie
Du Souffle présystolique

Dans le rétrécissement mitral pur

PARIS

Paul DELMAR

29, rue des Boulangers

1897

Dr Maurice JOLLY

Université de Paris

Sémiologie
du Souffle présystolique

Dans le rétrécissement mitral pur

PARIS

Paul DELMAR

29, rue des Boulangers

1897

A MON PÈRE

MONSIEUR A. JOLLY

Chevalier de la Légion d'honneur

A MA MÈRE

MEIS ET AMICIS

Qu'on nous permette, avant d'aborder le sujet de notre thèse inaugurale, de nous acquitter des nombreuses dettes de reconnaissance que nous avons contractées envers tous ceux qui nous ont guidé dans nos études médicales.

Et tout d'abord, nous tenons à dire à M. le docteur E. Chevy, professeur à l'Ecole de Médecine de Reims, combien nous avons été touché de la fraternelle affection dont il nous a entouré. Il peut être sûr que cette affection est partagée.

M. le docteur H. Benard n'a cessé de nous encourager par ses conseils et son bienveillant appui; il sait que nous en conserverons toujours un souvenir ému.

C'est en grande partie à nos premiers maîtres de l'Ecole de Reims que nous devons la base des connaissances cliniques qui nous ont été plus tard si utiles ; nous leur apportons ici, le témoignage de notre gratitude.

Dès notre arrivée à Paris, nous avons eu la bonne fortune de profiter de l'enseignement lumineux et substantiel de M. le professeur agrégé Gilbert Ballet, auquel nous avons dû de ne pas nous égarer dans l'étude si compliquée de la pathologie nerveuse. Sa bienveillance à notre égard restera toujours présente à notre mémoire.

Nous avons trouvé un heureux complément à ces études dans le service de M. le professeur agrégé Marie. Notre maître n'a cessé de nous donner des marques de sa sympathie, nous **lui** adressons nos plus sincères remercîments.

Externe également de M. le professeur Chantemesse, nous n'oublierons pas que c'est lui qui nous a initié aux découvertes de son maître Pasteur.

C'est aux bienveillants conseils et au solide enseignement de M. le professeur agrégé Bar que nous devons nos connaissances obstétricales. Il a bien voulu nous nommer moniteur à la clinique obstétricale de la Faculté. Qu'il nous permette de lui témoigner ici notre profonde reconnaissance.

M. le professeur Tarnier nous a confirmé dans nos fonctions, et c'est pour nous un honneur d'avoir pu profiter de l'enseignement du grand maître de l'obstétrique française.

Nous voulons remercier tout particulièrement M. le docteur H. Vaquez, médecin des hôpitaux, de la manière toute délicate dont il nous a plusieurs fois obligé.

Nous n'oublierons pas les conseils qui nous ont été donnés dans les hôpitaux par MM. les docteurs Lyon, Marquézy et Papillon, ceux de M. le docteur L. Dubrisay, qui s'est montré pour nous un véritable ami en même temps qu'un chef de clinique éclairé, et tout particulièrement ceux de M. le docteur P.-J. Teissier qui, si obligeamment, a bien voulu nous guider de son expérience dans l'élaboration de ce travail.

Enfin, c'est avec un légitime orgueil que nous nous dirons l'élève de M. le professeur Potain. Notre vénéré maître a bien voulu accepter la présidence de cette thèse qu'il a inspirée. C'est un honneur qu'il a joint à la bienveillance qu'il n'a cessé de nous témoigner.

Nous voudrions pouvoir mieux que nous ne le faisons, lui dire notre profonde gratitude et, s'il le permet, notre respectueux attachement.

SÉMIOLOGIE

DU

SOUFFLE PRÉSYSTOLIQUE

DANS LE RÉTRÉCISSEMENT MITRAL PUR

INTRODUCTION

Les signes cliniques du rétrécissement mitral ont, on le comprend, une importance capitale pour en établir le diagnostic. Or, non seulement les auteurs les plus compétents, les cliniciens les plus éclairés ne sont pas d'accord à ce sujet, mais, de plus, les physiologistes mêmes sont loin de s'entendre sur l'interprétation des bruits perçus dans le cycle cardiaque normal.

Nous ne prétendons pas éclaircir cette question. Nous voulons seulement, après nous être arrêté sur l'interprétation physiologique la plus communément admise, choisir dans les diverses interprétations des signes pathologiques du rétrécissement mitral, celle qui concorde le plus avec la physiologie du rythme cardiaque et qui le plus est dominée par cette qualité primordiale chez un observateur: le bon sens clinique.

APERÇU PHYSIOLOGIQUE

L'interprétation de la révolution cardiaque généralement admise aujourd'hui est le résultat d'expériences faites par Marey, Chauveau, F. Franck, à l'aide d'appareils enregistreurs, c'est dire qu'elles sont d'une précision presque mathématique, et que les déductions qui en découlent logiquement ne sauraient être suspectes.

Une révolution cardiaque se compose de deux parties : la systole et la diastole. En prenant comme point de départ la systole auriculaire, nous voyons se produire les phénomènes suivants : Le sang s'est accumulé dans l'oreillette pendant la systole ventriculaire. Dès que celle-ci est terminée, le sang passe par aspiration de la cavité pleine, dans la cavité vide, le ventricule. Vers la fin de

cette diastole ventriculaire, alors seulement l'oreillette se contracte pour chasser dans le ventricule
le reste du sang qu'elle contient.

La systole auriculaire est alors terminée. Celle
du ventricule commence, et son premier acte sera
de fermer la valvule auriculo-ventriculaire, puis
de projeter le sang dans les vaisseaux. Ensuite, le
ventricule ayant ainsi lancé dans les artères son
contenu, termine sa systole par la fermeture des
sigmoïdes. Les deux bruits perceptibles à l'auscultation d'un cœur normal marquent le commencement et la fin de la systole ventriculaire.

Ceci dit, nous nous proposerons d'exposer successivement les théories émises pour l'interprétation des perturbations qui peuvent survenir patho-
logiquement dans cette révolution normale du cœur,
et plus particulièrement celle où est en cause
l'orifice mitral.

Ce sera, croyons-nous, la manière la plus impar-
tiale de connaître la vérité à ce sujet.

HISTORIQUE

Les signes physiques du rétrécissement mitral sont reconnus par tous les auteurs, mais dès qu'il s'agit de les interpréter, d'en discuter la valeur, d'en expliquer les causes, on trouve autant d'opinions presque que de cliniciens.

Bouillaud déjà avait dissocié les différents souffles du rétrécissement.

Beau édifia alors sa théorie qu'il rendit célèbre plutôt par l'éloquence avec laquelle il la soutint, que par la valeur de ses arguments, quoiqu'il convainquît peut-être, partiellement au moins, Hardy et Béhier.

Harvey, Roger et d'autres encore réfutèrent la

théorie de Beau. Il est facile de se rendre compte des différences d'opinions qui existaient alors, par l'exemple suivant tiré de l'interprétation des systoles auriculaire et ventriculaire que Beau considérait comme unique, formant seulement une espèce de mouvement péristaltique, tandis qu'Harvey les comparait à un mouvement de déglutition, bien qu'il admit cependant la dualité des systoles. Que dira-t-on si l'on se souvient que Lancisi allait jusqu'à considérer le cœur gauche comme une cavité unique.

Puis vint Gendrin qui créa le terme de souffle présystolique. Puis les discussions de Fauvel, de Hope sur le temps occupé par le souffle ; de Hérard qui les mit d'accord en admettant que, suivant les cas, le souffle peut être à tel ou tel temps. Constantin Paul, plus tard, les mit aussi d'accord, mais d'une autre manière : il nie formellement l'existence du souffle présystolique, et prétend ne l'avoir jamais entendu. Dusch, lui, attribuait ces souffles à un emphysème circonvoisin.

Si l'on songe que, en même temps, entraient en ligne les mensurations de Harvey, de Haller, de Fontana, les études d'Helmoltz sur les secousses du cœur et la tonalité de ses bruits, le début des expériences de Marey, dont les appareils enregistreurs étaient loin d'avoir l'admirable précision qu'ils ont aujourd'hui, on se rendra compte de l'état de la question à cette époque. Cependant Marey avait pu, d'une manière qui semblait indéniable, rétablir les faits avancés par Beau.

La discussion paraissait close, quand, il y a une dizaine d'années, en 1887, un clinicien anglais, Turner, reprit dans « The Lancet » les arguments de Beau à peine modifiés. Il fut bientôt suivi par d'autres auteurs, en particulier par Barclay. Tous deux d'ailleurs avaient déjà soutenu la même théorie, Turner en 1872, et Barclay avec Gairdner en 1864.

Bref, la discussion renaissait de ses cendres et, en 1887, Dickinson présentait dans « The Lancet »

son magistral article : « Remarks on the presystolic murmur. » Puis ce fut Sansom en 1892 et,
hier encore, en juin 1897, E.-M. Brockbank.

En France, Duroziez, qui avait fait du rétrécissement mitral le centre de ses investigations car-
diaques, créait une théorie un peu distincte, et
sa fameuse onomatopée est restée attachée à son
nom. C'est à lui, d'ailleurs, que revient le mérite
d'avoir classé, pour ainsi dire, les bruits anormaux
en souffles, roulements, ronflements, etc.

Mais c'est aujourd'hui le professeur Potain qui,
ayant apporté aux expériences de Marey, de Chauveau, de François Franck, le concours de ses pro-
pres observations, combat les idées reprises par
Dickinson et les auteurs anglais actuels.

Toutes ces théories peuvent donc se résumer en
deux principales : celle que Beau avait jadis pro-
posée, reprise à peu près intégralement par Dickinson, et celle qu'a soutenue le professeur Potain
et dont l'exposition fera l'objet de ce travail.

Notre sujet ne comporte pas la publication d'observations cliniques. Il est tout de précision. On comprendra donc qu'il ne puisse être soumis à de longs développements.

Nous espérons qu'en raison de sa nature même on nous pardonnera la concision à laquelle nous avons dû nous borner.

Le rétrécissement mitral consiste, on le sait, surtout dans une adhérence plus ou moins étendue des bords libres des valvules. L'orifice peut être à peine rétréci, ou bien être presque oblitéré, puisque cette adhérence peut exister sur une plus ou moins longue étendue en allant sur le bord libre de la valvule de son point d'attache à son extrémité centrale. On conçoit que le sang, passant à travers cet orifice rétréci, passe avec un jet plus petit.

Au moment où la systole auriculaire vient joindre son action à la simple aspiration du sang, elle a besoin de plus d'énergie que dans

M. J.

2

sa systole normale, d'où les deux signes du rétrécissement : roulement prolongé et renforcement présystolique. Le liquide ainsi lancé avec plus de vigueur vient tomber dans la cavité ventriculaire et en particulier à la pointe, produisant par son choc un frémissement de la région suapéxienne perceptible au toucher et même à la vue.

Normalement, les valvules sigmoïdes aortiques et pulmonaires sont synchrones, mais on conçoit que dans la systole d'un ventricule gauche malade, le sang est projeté avec une inégale force dans les troncs artériels, de sorte que le claquement valvulaire se fera successivement dans l'aorte et dans l'artère pulmonaire, en commençant par l'une ou par l'autre, suivant la phase de la maladie, d'où un dédoublement du second bruit du cœur terminant la systole.

Enfin il existe souvent après le déboublement

du second bruit, un bruit qui s'ajoute aux bruits normaux ; c'est une espèce de claquement sec, dur, apexien, qui double le second bruit du dédoublement, formant ainsi comme un roulement. C'est Sansom qui a le premier remarqué ce bruit. Le professeur Potain en a donné l'explication : les valves de la mitrale s'ouvrent normalement, silencieusement sous l'effort du sang ; mais, quand il y a rétrécissement, c'est-à-dire adhérence des bords libres des valves, celles-ci au lieu de s'ouvrir facilement, résistent, se tendent et s'écartent violemment sous l'effort du flot sanguin, en produisant un bruit dur. C'est pourquoi il a donné à ce bruit le nom de claquement d'ouverture.

Nous avons donc ainsi expliqué les signes du rétrécissement mitral pur, à savoir : roulement avec renforcement présystolique, et dédoublement du second temps.

Ces signes sont reconnus par tous les auteurs

comme pathognomoniques du rétrécissement mitral. Mais il est loin d'en être de même au sujet de
leur cause et par suite de leur valeur au point de
vue du diagnostic. C'est surtout sur le renforcement présystolique que les avis sont partagés, et
peuvent comme nous l'avons dit plus haut,
se résumer en deux interprétations : celle de Dickinson et celle qui a été soutenue par le professeur
Potain.

Nous avons fait remarquer dans le précédent
exposé des phénomènes perceptibles dans le rétrécissement mitral, que le phénomène communément appelé choc du sang contre la pointe du cœur
produisait chez celle-ci un bruit, bruit produit par
une espéce de redressement de cette pointe. C'est
ce qu'on a appele le choc du cœur.

Or, Dickinson aprés avoir remarqué comme les
autres observateurs ce phénomène dit du choc du
cœur, a noté en outre qu'il était presque parfaitement isochrone avec le roulement présystolique.

Comme le choc du cœur est reconnu par tous les cliniciens comme un acte systolique du ventricule, se basant sur cette affirmation et sur le fait du synchronisme du choc et du roulement, Dickinson en a conclu que le roulement, lui aussi, était un acte de la systole ventriculaire, en un mot que le roulement n'était pas « présystolique », mais bien « systolique. »

De plus, Dickinson ajoute que le pouls carotidien étant presque synchrone de la fin du souffle, quand le simple bon sens montre qu'il devrait lui être très postérieur, il s'en suit forcément que la systole était commencée avant que le souffle ne se fit entendre et, par suite, que celui-ci est pleinement systolique.

Mais si le souffle présystolique est systolique, il est donc produit par le rétrécissement lui-même, ce qui n'est pas admissible, un rétrécissement pur ne pouvant absolument pas être la cause d'un souffle. Il fallait expliquer ce souffle. Dickinson a

eu recours alors à l'existence probable d'une insuffisance de la mitrale coïncidant avec le rétrécissement. Cette explication en somme, paraît sédui-
sante, car il semble facile d'expliquer cette insuffisance. La valvule en effet est épaissie, et quand
elle se ferme pour oblitérer l'orifice, elle le fait
lentement, et arrive en retard sur le commencement de la systole, d'où insuffisance qui disparaît
il est vrai ensuite, mais qui n'en a pas moins existé,
et qui n'en a pas moins suffi à produire un souffle.

Nous voilà revenu à la théorie de Beau : pas de
rétrécissement pur, pas de rétrécissement sans
insuffisance.

Le professeur Potain a réfuté un à un tous les
arguments de Dickinson dont la théorie à vrai-
ment parler, aurait pour résultat de bouleverser
totalement la conception que nous avons du cycle
cardiaque physiologique.

Ces arguments sont au nombre de trois.

1° Le roulement présystolique est presque parfaitement synchrone avec le choc de la pointe.

2° Dans chaque systole ventriculaire il y a
toujours en même temps que le rétrécissement de
l'orifice un moment d'insuffisance de la mitrale.

3° Le synchronisme presque absolu du pouls
carotidien et du claquement qui termine le souffle,
prouve que la systole était commencée avant le
début du souffle et que, par conséquent, celui-ci est
systolique et non présystolique.

A ces arguments, le professeur Potain oppose
les suivants :

1° Il reconnaît parfaitement avec Dickinson que
le roulement présystolique coïncide avec le choc
du cœur ; mais il en donne une toute autre explication.

Pour lui, ce qu'on est convenu d'appeler le choc
n'est pas produit par la systole ventriculaire seule,

mais bien par les systoles auriculaire et ventriculaire; quand l'oreillette se contracte, elle détermine une distension des parois ventriculaires, et, par suite, un mouvement de relèvement de la pointe.

En effet, le phénomène appelé choc est composé de deux périodes bien distinctes : d'abord un soulèvement lent, puis une secousse brusque. Or, à l'auscultation, on constate que la secousse brusque qui termine le choc coïncide absolument avec la fermeture de la valvule auriculo-ventriculaire ; comme la fermeture de cette valvule marque le commencement de la systole ventriculaire, il est bien évident que le commencement de ce qu'on appelle le choc, précédant le commencement de cette systole ventriculaire, n'a pu être causée par elle, mais bien par l'acte précédent dans le cycle cardiaque, c'est-à-dire par la systole auriculaire.

Les deux phases du choc coïncident d'ailleurs

(F. Franck - Dans un cas d'ectopie Cardiaque)
A
B
Tr. I   a. Impulsions de l'oreillette.   b. Impulsions du ventricule.

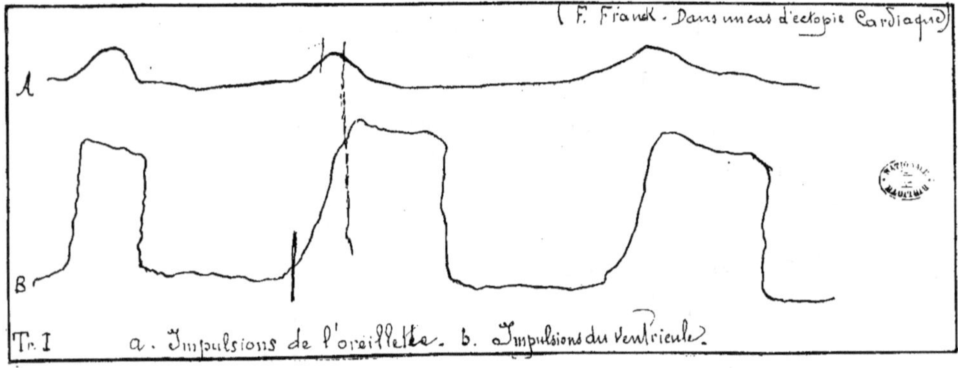

Page 24

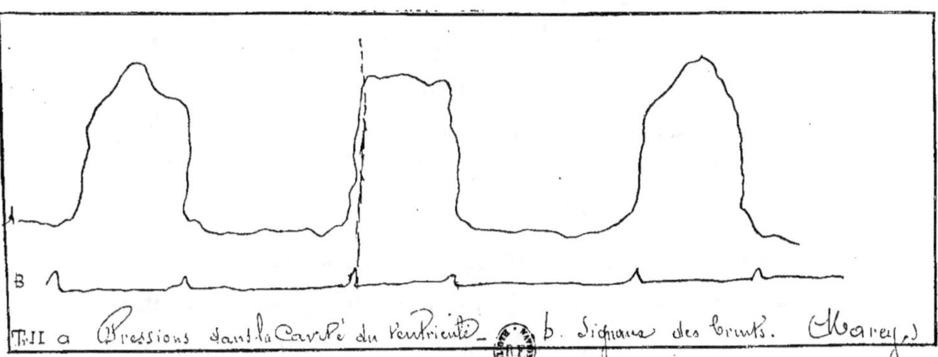

B
Fig. II a Pressions dans la Cavité du Ventricule _ b. Signaux des Bruits. (Marey.)

parfaitement avec les deux phases de la systole ventriculaire : le soulèvement lent de la pointe avec l'entrée du sang dans le ventricule, et le choc proprement dit et subit de la fin avec la systole proprement dite de l'oreillette projetant le reste du sang que la simple aspiration ventriculaire ne pourrait attirer.

M. Potain cite ensuite à l'appui de son opinion deux tracés de Marey et de F. Franck, qui montrent que le tracé du choc est presque parallèle à celui de la systole auriculaire. (*Tracés I et II*).

Le premier argument de Dickinson est donc erroné; le phénomène est vrai, mais l'interprétation en est fausse, puisqu'elle n'est pas d'accord avec la physiologie.

2° Quant à l'insuffisance que Dickinson prétend devoir toujours exister avec le rétrécissement, deux cas se peuvent produire : ou bien la valvule est incomplètement épaissie, mais dès lors, et l'anatomie pathologique le montre, la partie centrale reste souple, donc la valvule ne résiste pas à l'ondée sanguine et alors n'est la cause d'aucune insuffisance ; ou bien elle est complètement indurée et il y a un souffle d'insuffisance, mais le claquement valvulaire n'est pas distinct, ou s'il l'est, il marque le début du souffle et ne lui succède pas.

3° Dickinson tire son dernier argument du presque synchronisme du claquement mitral et du pouls carotidien, et en déduit que, puisque celui-ci logiquement doit être très postérieur à la systole ventriculaire, s'il est presque synchrone au claquement mitral, c'est que celui-ci ne marque pas le commencement de cette systole. Mais cet argument a bien peu de valeur, car il est presque matériellement impossible de mesurer le retard du pouls carotidien, qui théoriquement est de 0"04.

Les trois arguments de Dickinson pour prou-

ver que le souffle présystolique du rétrécissement mitral est systolique, tombent donc, l'un
devant l'interprétation physiologique du phénomène; le second devant les constatations ana-
tomo-pathologiques; et le troisième enfin devant l'impossibilité matérielle où l'on est de
le pouvoir vérifier par des appareils enregistreurs qui, seuls en pareille occurence, pour-
raient obtenir la certitude mathématique néces-
saire.

INDEX BIBLIOGRAPHIQUE

BARRY. — Dissertation sur le passage du sang à travers le cœur, 1827.

BAUMBACH. — Deutsch arch. f. Klin, BD XLVIII, 1891.

BEAU. — Recherches sur les mouvements du cœur. (Arch. gén. de méd. — Déc. 1835).

BEAU. — Nouvelles recherches sur les mouvements du cœur (arch. gén. de méd., août 1841).

BOENS. — Traité des bruits du cœur. (Gaz. hop., 1860).

BOUCHÈS. — Du claquement de l'ouverture de la mitrale. (Th. Paris, 1888).

BOUILLAUD. — Traité des maladies du cœur, 1844.

BROCKBANK. — Médical chronic. (Juin 1897).

CHAUVEAU ET FAIVRE. — Nouvelles recherches expérimentales sur les mouvements et les bruits du cœur. (Gaz. méd., Paris 1856).

CHAUVEAU ET MAREY. — Démonstration du mécanisme des mouvements du cœur par l'emploi des instruments enregistreurs à indication constante. (Mém. ac. méd., Paris 1861).

DESCHAMPS. — Société anatomique. (Avril 1884).

DICKINSON. — Remarks on the presystolic murmur, falsely so Called. (The Lancet Londres 1887).

DUMBAR. — Deutsch arch. f. Klin. Méd. 1892.

DUROZIEZ. — Du rythme pathologique du rétrécissement mitral. (Arch. Méd., 1862).

DUROZIEZ. — Du rétrécissement mitral pur. (Arch. méd., 1877).

EINBRODT. — Meber Herzreizung und ihr Verhaltmiss zum Blutdruck. (Sitzungsberichte der KK Akad zu Wien, 1859, T. XXXVIII).

ENDELMANN. — F. Beitrag zur Mechank des Krufslanfs in Herzen (Marburg, 1856).

ESSARCO, — Faits et raisonnements établissant la véritable théorie du mouvement et des bruits du cœur. (Th. Paris, 1864).

FAUVEL. — 1843.

FLINT (A.). — Etude clinique sur les bruits du cœur. (New-Orléans Méd. News, 1859).

GABRIAC. — Quelques expériences relatives au choc du cœur. (Th. Paris, 1857).

GAIRDNER. — On the action of the auricular ventricular valves of the heart. (Dublin Hospital gaz 1857).

GINFFRÉ. — 5e congrès soc. Ital. méd. (Octobre 92).

HAMERNIK. — Das Herz und seine Bewegung. (Prague, 1858).

JENNER. — De l'influence de la pression sur les bruits du cœur et les gros vaisseaux. (Méd. Times and Gaz., 1856).

Lenhartz. — 9e congrès médical autrichien.

Lépine. — Société des sciences médicales. (Lyon. 1891).

Luton. — Art. Dictionnaire de médecine pratique, 1872.

Magé. — Du rétrécissement mitral pur. (Th. Paris, 1888).

Malherbe. — Considération sur le jeu des valvules auriculo-ventriculaires et les bruits du cœur. (Journal de physiologie, 1859).

Marey. — Des caractères de la systole du cœur. (Revue des cours scientifiques, 21 juillet 1866).

Marshall. — Th. Paris, 1872.

Paget (James). — On the cause of the rythmic motron of the Heart. (Méd. times and gaz. Oct. 1857.

Perret. — Du diagnostic périphérique du rétrécissement mitral. (Lyon méd. no 27, 1889).

Peter. — Traité des maladies du cœur. (Paris, 1883).

Petit. — Art. Traité de médecine et de chirurgie.

Porack. — Th. d'agrégation. (Paris, 1880).

Poisseuille. — Recherches sur la pression du cœur aortique. (Th. Paris, 1828).

Potain. — Note sur le dédoublement des bruits normaux du cœur. (Union méd., 1866).

Potain. — Leçon clinique sur le claquement valvulaire. (Gaz. hebd., 12 sept. 91).

Potain. — Art. Dictionnaire Encyclopédique.

—   — Du choc de la pointe du cœur (1893).

—   — Cliniques médicales de la charité (1893).

—   — Art. Semaine médicale (7 sept. 92).

Rouanet. — Analyse des bruits du cœur. (Th. Paris, 1832).

Sansom. — The journal of médic. scrinc. (Mars 90).

— — Diseases of the heart and thoracic Aorta (1892).

Sée (Germain). — Traité des maladies du cœur. (Paris, 1883).

Teissier (P.-J.). — Du rétrécissement mitral pur et de la tuberculose (1893).

Turner. — In The Lancet, 1872.

— — In The Lancet, 1887.

Vierordt. — Ueher die Herzkraft. (Arch. fur physiologische Heil Runde (1850, T. IX).

Wallach. — Sur le mécanisme du deuxième bruit du cœur. (The Lancet, 1860).

Walters. — Sur les bruits du cœur. (Brit. méd. Journal, 1858).

Wauner. — Sur les bruits du cœur. (Compte rendu de l'ac. des sciences, 1849).

IMP. CH. LÉPICE, 8-10, RUE DES CÔTES, MAISONS-LAFFITTE